画给孩子的自然通识课

动物技能，超凡又脱俗

童心　编绘

化学工业出版社

·北京·

图书在版编目（CIP）数据

动物技能，超凡又脱俗 / 童心编绘 . —北京：化
学工业出版社，2024.6
（画给孩子的自然通识课）
ISBN 978-7-122-45522-2

Ⅰ. ①动… Ⅱ. ①童… Ⅲ. ①动物 - 儿童读物
Ⅳ. ①Q95-49

中国国家版本馆 CIP 数据核字（2024）第 084768 号

DONGWU JINENG，CHAOFAN YOU TUOSU

动物技能，超凡又脱俗

责任编辑：隋权玲　　　　　　　　　装帧设计：宁静静

责任校对：王鹏飞

出版发行：化学工业出版社（北京市东城区青年湖南街 13 号　邮政编码 100011）
印　　装：北京宝隆世纪印刷有限公司
880mm×1230mm　1/24　印张2　字数20千字　2024年7月北京第1版第1次印刷

购书咨询：010-64518888　　　　　　售后服务：010-64518899
网　　址：http://www.cip.com.cn
凡购买本书，如有缺损质量问题，本社销售中心负责调换。

定　　价：16.80 元　　　　　　　　　　　　　　版权所有 违者必究

目 录

为了节省能量和时间以便更好地繁育后代，很多家燕会选择继续使用上一年留下来的旧巢。它们衔回泥巴，将破损的地方修补一下，然后再铺上一些柔软的东西。

建设巢穴

毫无疑问，大多数动物都会为了栖息和养育后代而建设巢穴，尤其是鸟类和哺乳动物。所有的动物巢穴中，鸟类的巢是很特别的，不仅规整、干净，还很坚固，能够承受住风雨的侵袭。

每年春天，在南方越冬的家燕纷纷赶回北方繁育后代。它们从河流、池塘以及水坑边衔回泥巴，融合唾液，一点点垒起来，中间夹杂上草茎，如同钢筋一样起到加固的作用。接下来，家燕会将收集来的马鬃、羽毛和麻丝等柔软的东西铺在巢里。家燕会在这个巢中繁育1~2窝雏鸟。

简陋的巢穴

白鹭把巢建在靠近河流和湖泊的低矮树上。它们的巢非常简陋，主要是由枯草和枯树枝构成的。

地下温暖的家

穴兔是一种擅长挖掘洞穴的动物。它们的家通常建在地下洞穴中。

会建巢的刺鱼

雄性刺鱼在繁殖期的时候非常忙碌，它要四处搜集藻类和水草，然后用身体分泌的黏液将它们粘在一起，做成漂亮的巢。

为蛋建巢

快要产蛋的时候，雌鳄鱼会爬上河岸寻找舒适的河床建造巢穴。雌鳄鱼在河床上挖一个大坑，然后把蛋产在里面，接下来再用枯枝叶和土把蛋掩埋起来。鳄鱼蛋将在像坟丘一样的巢穴中被孵化。

求偶表演

对动物而言，繁殖至关重要，这不只是为了留下自己的子孙后代，更是为了保证物种的延续。繁殖开始前，动物们必须做一件非常重要的事，那就是找到一个优秀的伴侣。在这期间，雄性成员必须表现得非常积极，使出浑身解数来吸引雌性的注意。

这只雄性艾草松鸡生活在北美洲西部的宽阔草地上，它已经向雌性发出了求爱信号。为了尽快获得雌松鸡的芳心，雄性艾草松鸡一反常态，它竖起尖而长的尾羽，鼓起胸部的黄色气囊，在雌性面前昂首阔步，不知疲倦。

深夜的演奏

夏天的夜晚，雄蟋蟀会像拉小提琴一样，鸣奏出悦耳动听的声音来吸引雌性。

美丽的"花扇子"

在交配季节，雄孔雀会像打开折扇一样，张开美丽的尾羽，来吸引雌性的注意。

鸣叫和大角

每年的三四月份，雄鹿开始发情，准备交配。雄鹿会不知疲倦地追求雌鹿，而且经常通过姿态、气味标记和角斗来警告其他想要靠近的雄性。

舞蹈

丹顶鹤过着"一夫一妻"制的生活，配对后终生不分开。每年到了繁殖的季节，雌性和雄性丹顶鹤会一起跳起舞蹈，来增进"夫妻"之间的感情。

空中的特技

白头海雕的求偶行为像空中的杂技表演。雌雄白头海雕先在空中翻腾、俯冲，然后振动翅膀向高空拔起。每到繁殖季，它们都会重复这项高难度的表演。

雄性艾草松鸡把气囊中的气体快速挤出时，会发出响亮的声音，这种声音越大就越能提升它们自身的魅力，从而吸引更多的雌性。

孵化幼仔

繁殖后代是所有动物生命中的头等大事。只有不断地繁衍新成员，才能保证种群繁盛而不会灭绝。为了适应大自然的生存环境，动物们找到了适合自己生殖繁衍的方式。

冢（zhǒng）雉是一种靠自然热量（环境温度）孵化蛋的鸟类，这种孵化方式在鸟类中很少见。产蛋前，冢雉用潮湿的枯叶和杂草建一座孵化室，然后把蛋整齐地摆放在里面，利用枯枝和杂草腐烂时散发的热量将蛋孵化。

共同承担孵化

蓝脚鲣鸟的孵化任务由雌雄鸟共同负担。当雌蓝脚鲣鸟出去觅食的时候，雄蓝脚鲣鸟就静静地在巢中孵蛋，等雌鸟觅食回来后，它就将蛋交给伴侣，自己则飞到海上觅食。

养父母的养育

杜鹃鸟偷偷地把蛋产在其他鸟的巢中。它的蛋和很多鸟的蛋都很像，不易被发现。就这样，小杜鹃鸟就在养父母家出生并长大。

守护在卵周围

小丑鱼把卵产在海葵丛中。在卵孵化之前，小丑鱼一直守护在卵的周围，并不断地扇动胸鳍，以增加水流中的含氧量，帮助卵孵化。

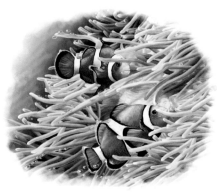

有爱心的妈妈

版纳鱼螈妈妈是原始爬行动物中少有的爱心妈妈，产完卵后，版纳鱼螈妈妈用身体小心翼翼地将卵围住，静静地等待它们孵化。

冢雉蛋在孵化期间，最理想的温度是33℃。有一种观点认为，孵化室中的温度变化或许能够左右雏鸟的性别，这一猜想为冢雉的孵化过程增添了几分神秘色彩。

抚养和哺育

慈爱的妈妈

在漫长的迁徙途中，非洲象妈妈用长鼻子牵着小非洲象的长鼻子，以防它掉队受到攻击。

嗉囊中的食物

小鹈鹕刚出生的时候，鹈鹕妈妈将食物吐在巢中，供它们食用。等小鹈鹕稍长大一些，鹈鹕妈妈就让小鹈鹕把嘴伸到自己的嘴里或食道中直接取食半消化的食物。

哺乳动物在抚养和哺育幼仔方面表现得很优秀，它们先是用乳汁喂养幼仔，等幼仔长大一些，再把美味可口的食物喂给幼仔，并且教授幼仔各种生存的本领。鸟类在这一方面做得也很出色。昆虫类、两栖类和爬行类中只有极少数成员会抚养和哺育幼仔。

狐狸在树洞或土穴中安家落户，然后交配、产仔。小狐狸刚出生时就像毛球一样，眼睛还没有睁开，蜷缩在一起。出于本能，它们很快找到了妈妈的乳头，然后美滋滋地吮吸着。在接下来的几个星期中，狐狸妈妈除了觅食外，几乎很少离开洞穴。

昆虫中的好妈妈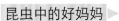

某些种类的蠼螋（qú sōu）产完卵后就一直守在卵的周围，等待它们孵化。小蠼螋出生后一直躲在洞穴中，蠼螋妈妈把捕捉到的食物带回巢穴喂给它们。

狼宝宝的食物

小狼饿了的时候会向成年狼索要食物，成年狼则会把咀嚼过的食物反刍出来喂给它们。

小狐狸从出生到独立生活需要大半年的时间，在此期间，它们靠吃父母提供的食物生活，并且要跟父母学习各种生存的本领。

学习和模仿

学会使用大嘴巴

巨嘴鸟是一种生活在美洲热带雨林中的鸟类，它们长着色彩艳丽的大嘴。巨嘴鸟幼鸟通过观察和学习成年鸟的行为，逐渐学会使用它们巨大的嘴巴取食果实。

动物们的生存本领大多是通过跟自己的父母学习或模仿族群其他成员得来的。当然，也有一部分技能是通过遗传获得的。

像老虎这种凶猛的捕食动物，它们的生存本领是从小就开始学习并模仿获得的。老虎一般每胎能产下1～5只幼仔，母子要一同生活2～3年。起初，老虎幼仔的食物由妈妈提供。随着老虎幼仔不断长大，它们会学习妈妈的捕猎技术，兄弟姐妹之间也会切磋和学习。在玩耍的过程中练习撕咬、扑杀等技术是多数捕食性动物惯用的练习方式。

妈妈是榜样

与很多爬行动物不同的是，尼罗鳄会照顾自己的子女达2年之久。在这段时间里，小尼罗鳄会跟妈妈学习很多生存技能，包括如何捕猎和如何逃避危险等。

仔细观察，认真学习

每当雌狮们围捕猎物的时候，非洲狮幼仔们就会藏在草丛中观察整个捕猎的过程。

直立身体挥动翅膀

这只小漂泊信天翁已经蜕掉绒毛，慢慢长出适于飞行的羽毛了。它直立起身体，挥动着修长的翅膀练习飞行技术。

老虎幼仔们每天花费大量时间练习捕猎技能，这为它们独立生活后能很好地适应自然环境以及成为优秀的猎手奠定了基础。

捕食技巧

观察不同物种的生活方式你会发现，低等的动物，如海葵，它们的捕食非常简单；而具有一定脑容量的哺乳动物和鸟类，它们的捕食过程会变得相对复杂，有一些捕食过程还会经过精心设计和计算。

虎鲸集群生活，是海洋中非常凶猛的捕食者，它们被誉为"海洋霸王"。虎鲸喜欢捕食海豹。对于虎鲸来说，每一次捕食都不能掉以轻心，因为它们的猎物也是海洋中非常聪明又非常灵活的动物。虎鲸以围追堵截的方式猎食海豹，有时还会合力击碎或掀翻浮冰，迫使海豹落入海中，然后再进行猎杀。

青蛙捕食的技术

当飞虫在空中盘旋时，静止不动的青蛙用大大的双眼关注并锁定猎物，然后伺机快速伸出有黏液的长舌头，不偏不差地将猎物粘住并带回到嘴中，这个过程在瞬间就可完成。

原鸡

小原鸡出生不久便能跟爸爸妈妈学习觅食的技巧，比如，用锋利的爪子刨开地表的土壤，寻找植物嫩芽、种子和躲藏在土壤中的虫子等。

火烈鸟的喙

火烈鸟长着巨大且弯曲的喙，捕食的时候，它们需要将头部倒扎进水中，使喙的前端与水面平行，然后滤食小鱼、小虾和浮游生物。

海葵的触手

海葵是非常低等的动物，它们附着在海底礁石上生长，很少移动。海水从海葵的触手间流过，并带来丰富的浮游生物。

　　虎鲸群捕猎时，部分虎鲸制造混乱，以分散猎物的注意力并打乱它们的阵脚，其他一些成员则悄悄地靠近，等待时机将猎物捕获。

自立成长

你知道吗？在自然界中，很多动物宝宝成长的过程中并没有父母的陪伴和照顾，它们甚至连自己的父母都没有见过。

早春的时候，东部箱龟妈妈在沙地上挖一个深深的洞穴，然后在洞穴里产下二十几枚白色的卵。之后，东部箱龟妈妈将洞封住便离开了。几个星期后，小箱龟就被孵化了。出生后的几天里，小箱龟的行动能力还很弱，主要靠卵壳内残留的卵黄维持生命。不过，几天后它们就要钻出土层到地面上生活了。

安全孵化

红土螈妈妈把卵产在水底的石头下，它能为宝宝做的就是给宝宝一个安全的孵化环境，产卵后它们便一走了之。

天生毒牙

小菱斑响尾蛇出生后便开始独立生活。它天生具备的毒牙已经足够用来捕捉猎物。小菱斑响尾蛇会试着抓一些小动物为食，比如老鼠和蜥蜴。

靠运气成长

狗鲨的卵在海洋中孵化，幼鲨一孵化出来就开始独自在海洋中漂泊，至于它们能否成功活下来，完全靠运气。

为宝宝准备食物

泥壶蜂幼虫出生后，主要以妈妈为它准备的虫子为食。等食物差不多快吃完的时候，泥壶蜂幼虫便开始化蛹，不久就变成泥壶蜂，咬破壶盖飞出来。

独立成长

虎蛾宝宝是一种全身长着尖刺的毛毛虫。从卵中孵化出来后，虎蛾宝宝就要自己寻找食物并独立成长。它们很能吃，几天就能将身边的叶子吃个精光。

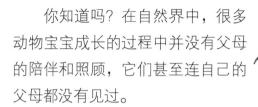

孵化末期，小箱龟会长出特殊的破卵齿，它们用这个特殊的工具打破卵壳。

13

动物的记忆力

很多动物有非常好的记忆力，这有助于它们的生存和繁殖。

星鸦是一种广泛分布于欧亚大陆的鸟类。星鸦喜欢栖息在针叶林中，因为它们喜欢吃松子。每年冬季来临之前，星鸦会变得非常忙碌，它们四处搜集松子和其他坚果，然后把这些食物藏在树洞中或埋藏于地下。星鸦在针叶林中有很多自己的私密粮库，这就需要它具有很好的记忆力来牢记藏食物的地点。冬天，星鸦凭借记忆找到自己储存的食物，安稳地度过食物短缺的季节。

马卡罗尼企鹅

马卡罗尼企鹅在距离繁殖地几千米以外的海岸上度过了冬天。眼下，春天来临了，马卡罗尼企鹅再次返回自己的出生地——南乔治亚岛。马卡罗尼企鹅拥有非常棒的记忆力，回到南乔治亚岛后，每一对企鹅都能准确地找到前一年居住的巢。

鱼的记忆力

长久以来，人们都认为鱼的记忆力只有几秒。这是真的吗？实际上，鱼类能记住并识别多种不同的刺激，一些鱼类甚至能记住复杂的社会结构和层次关系，其记忆力是复杂和持久的。

准确回到蜜源

蜜蜂的记忆力很好，当一只蜜蜂发现蜜源后，它会迅速飞回巢穴中，用特殊的舞蹈把信息传递给其他成员，然后带着大队人马前往采蜜。

经验丰富的领路者

在干旱的非洲热带草原上，非洲象群正长途跋涉寻找水草丰富的地方。它们通常要行走数百千米前往以前栖息过的风水宝地。

即使储藏食物的地方被枯枝落叶及厚厚的
积雪覆盖了，星鸦也能准确地找到，并用锋利
的爪将食物刨出来吃掉。

15

冬眠和夏眠

为了能在零下几十摄氏度或零上几十摄氏度的环境中存活下来，很多动物会选择调整体内代谢的速度，使自己进入休眠状态。休眠的状态分为冬眠和夏眠两种。冬眠是我们所熟知的，而夏眠听起来有些特别。非洲肺鱼就是一种夏眠动物。非洲肺鱼很特殊，正如其名，非洲肺鱼不仅长着鳃，还长着肺。雨季的时候，非洲肺鱼生活在河流中，用鳃进行呼吸。旱季来临了，河水慢慢干涸，非洲肺鱼藏身于淤泥中，身体分泌的黏液使周围的泥土形成一个像茧一样的硬壳。此时，非洲肺鱼改用肺呼吸，并进入夏眠状态。

因缺少食物而夏眠

海参在海底活动，以海水中的微生物为食。夏天，海水温度上升至二十摄氏度以上，微生物纷纷转移到海面上繁殖。海参缺少食物，只能进入夏眠，直到三四个月后才苏醒过来。

几乎全年在睡眠

四爪陆龟一年中大部分时间处于休眠状态，包括冬眠和短暂的夏眠，其余时间则用来补充营养和繁殖后代。

冬眠也不放松防御

进入冬天，刺猬钻到枯草或落叶堆中，蜷缩成一个球开始长睡。冬眠时，它的刺始终直竖着，以此来防御靠近它的猎食者。

度过漫长的冬天

熊为了能安稳地度过寒冬，必须在秋天积累大量的脂肪。之后，它便找到一个温暖的洞穴开始冬眠。它昏睡着，每天只消耗一点点脂肪，直到春天到来。

非洲肺鱼在泥土中度过漫长的旱季，等雨水灌满河道时，非洲肺鱼会重新变得生龙活虎。

17

邻里之间

共用一个洞穴

在一个岩石洞穴中，洞壁上粘着很多对白色的卵，这是壁虎的卵。这些卵不是同一个壁虎妈妈产下的，而是每一对卵都有一个妈妈。这些壁虎宝宝在这里孵化，它们在孵化前就已经是"洞穴邻居"了。

在动物世界中，很多动物的巢穴和邻居们紧密相连。这些邻居可能是同一物种的成员，也可能是其他种类的动物居民。令人惊讶的是，这些毗邻而居的动物，往往能将彼此之间的关系处理得非常融洽，有时甚至十分亲密。在光照充足、温暖的浅海中分布着很多美丽的珊瑚礁，珊瑚礁的主要建造者是珊瑚虫，它们虽小但数量庞大。成千上万只珊瑚虫聚集在珊瑚礁中，通过共生关系形成一个复杂的生态系统，共同维护这个群落的生态平衡。

空中的城市

织巢鸟的巢建在树上，每一个巢都悬挂在树枝上，这样会很安全，尽管很多家庭聚在一起，有时看上去很拥挤，但彼此之间相处和谐。

互助防御捕食者

鹗就是我们平时说的鱼鹰。春天的时候，鹗会返回到繁殖地繁殖后代。这只幼鹗的邻居是一只夜鹭，它们互相帮助，共同防御捕食者。

地下的邻居

旅鼠是北极较常见的动物之一，也是许多捕食者的食物来源。旅鼠繁殖力极强，在适宜的条件下，数量可以快速增加，它们在地下挖掘的洞穴慢慢增多，形成了一个庞大的洞穴网络。

珊瑚虫的身体相当小，其外形像迷你版的海葵，身体上长着 8 只或 8 只以上的触手，触手中央有口。它们聚集在一起生活，用触手捕捉食物。

生活在集体中

勇于担当的雄性

非洲水牛是非洲草原上的猎食者们最喜欢捕食的猎物之一。当非洲狮群发动攻击的时候，雄性非洲水牛会围在群体周围，保护雌性和幼仔。

动物生活在集体中，这无疑给它们的生活带来很大的优势。无论觅食、繁衍还是抵御敌人，群居都展现出极大的便利性。面对残酷的自然环境和生存竞争，群居的策略显得尤为明智。

宽吻海豚是海洋中的佼佼者，它们性格活泼，喜欢成群在海洋中活动。它们过得很快乐，成员之间也非常友爱和谐，它们一起嬉戏，一起觅食，当遇到凶猛的敌人攻击时，它们也会团结起来，去勇敢地抵抗，不会抛弃同伴。

家庭的组合

豺是一种喜欢结群游猎的动物。一个豺的群体一般由几个家庭组成，其中最有经验且聪明的一对伴侣会成为首领。

集体生活

某些珊瑚鱼善于变色与伪装，它们成百上千地生活在一起，靠集体的力量抵御猎食者。

"保姆"的职责

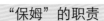

在麝雉群体中，有一对夫妻是首领，其他成员中有1～3只是"保姆"。"保姆"帮助首领照顾群体和孩子。

海豚妈妈分娩的时候，群体中的其他雌性成员会紧紧地围在它的周围，随时准备提供帮助。妈妈和阿姨们会在小海豚出生的第一时间将它送到海面上呼吸。

21

炫　耀

在动物世界中，炫耀同样存在。它们会展示漂亮的羽毛，会亮出清脆的嗓子，甚至还会秀一秀舞步……动物们才不会介意你对炫耀持怎样的态度，它们只知道炫耀会带来很多收获。

金狮狨是一种较为原始的猴类，它们四肢上都长有尖爪，能敏捷地在树上攀爬。金狮狨以熟透的果实和昆虫为食，它们以小群体的形式一起生活，通常由雄性领导，雌性尾随其后，小宝宝紧贴着母亲。金狮狨的头上长着狮鬣般的金色鬣毛，闪闪发亮，十分夺目，使它们看上去高贵极了！

不知疲倦的表演

为了让雌性接受自己，雄性大眼斑雉一边跳舞，一边展示它艳丽夺目的尾羽。它们会持续表演直到雌性大眼斑雉接受自己或彻底离开。

张开巨大的嘴巴

看，这只河马正张开嘴巴，露出巨大的牙齿，这也是一种炫耀。

展示自己的冠

雄性动冠伞鸟的头上长了扁圆形的鲜艳的冠，非常漂亮。雄性动冠伞鸟在繁殖期会展示自己的冠，用来吸引雌性的注意。

苍头燕雀的歌声

在繁殖期间，雄性苍头燕雀站在高高的树梢上唱起动听的歌，这歌声能吸引雌性前来交配，也能警告其他雄性不要靠近。

雄性金狮狨通过展示自己的金色鬃毛来吸引雌性的注意，它们的毛色越亮越鲜艳，成功的概率就越大。

23

合作伙伴

黑圆蚁和蚜虫

蚂蚁喜欢吃甜食。由于蚜虫能分泌出甜甜的蜜露，所以蚂蚁和蚜虫一直保持着亲密的关系。只要蚂蚁用颚轻触蚜虫的尾部，蚜虫就会分泌出蜜露供蚂蚁食用。而蚂蚁则会保护它们的"蜜源"，奋不顾身地驱赶瓢虫。

世界上大部分动物都能自食其力。但如果仔细观察一些动物的生活你会发现，某些动物之间存在很亲密的合作关系。比如，豆蟹与蓝贻贝就是一对合作伙伴。

豆蟹的一生也是从卵开始的。几个月后，豆蟹幼体会选定一堆蓝贻贝，并且进入其中一只的壳内。

蓝贻贝从流经鳃部的海水中滤食动植物小碎屑。豆蟹在蓝贻贝的壳内活动，吃掉蓝贻贝鳃部残留的动植物碎屑，从而使蓝贻贝的腮部得到清洁。而豆蟹除了获得食物还可以受到蓝贻贝的保护。

吸盘鱼和鲨鱼

吸盘鱼，又名鲫鱼。其头顶及背部长着吸盘状的结构，能吸附在其他鱼类的身上，吸盘鱼尤其喜欢吸附在像鲨鱼这样的大鱼身上，周游四海，到饵料丰富的地方美餐一顿。为了感谢鲨鱼，吸盘鱼会将鲨鱼身上的寄生虫清理干净。

蝎子和蜥蜴

在干旱的非洲沙漠地带，蜥蜴用锋利的爪子挖掘一个洞穴，用来躲避高温。蝎子不会挖洞，但它们会分享蜥蜴的洞穴。蜥蜴并不介意在洞中多了一个身长毒刺的房客。当有入侵者时，蝎子用尾刺保护自己以及蜥蜴的安全。

豆蟹喜欢与牡蛎、扇贝、贻贝
和杂色蛤子等瓣鳃类共生，虽然也
会对对方产生一些影响，但总体上
它们还算相安无事。

清 洁

为了健康，动物们也会像人类一样清洁自己的身体。它们用爪、舌头和喙等作为清洁工具，梳理毛发和羽毛，清洁皮肤以及除掉身上的寄生虫。动物们除了自己清洁外，还会和伙伴互相帮助清洁，甚至一些动物还有专门的清洁工。

清洁虾是一种生活在海洋中的小虾，它们可不简单，它们是很多鱼的清洁工。鱼的身上会生长很多寄生虫，有些鱼无法自己将寄生虫清理掉，所以需要有伙伴帮忙才行。清洁虾担负起这样的工作，它在鱼的身上爬来爬去，用小钳子巧妙地清洁鱼的身体。

讲卫生的苍蝇

苍蝇喜欢在动物尸体上或者垃圾堆里觅食，它的脚和嘴会沾满黏稠的东西，苍蝇两脚互搓将脚清理干净，再用双脚将嘴擦干净。

梳理并涂油

鸟天生就喜欢梳理羽毛，绿头鸭用长长的喙把羽毛里里外外梳理一番，然后再用喙把尾脂腺分泌的油脂涂抹在全身的羽毛上，以起到防水的作用。

好好清洗一番

猫每天都要花费很长时间梳理自己的皮毛，这是一种本能习惯。它粗糙的舌头能把毛舔得干干净净。

互相帮助的猴子

猴子是社交性很强的动物，它们经常互相帮助对方清洁身体，这样既能清洁身体，又能交流感情。

清洁虾吃掉鱼身上的多余物质和寄生虫，这对鱼的健康十分有利。有的时候，清洁虾还会爬进海鳗的嘴里工作。

使用工具

砸开坚果

小僧帽猴在刚会吃东西的时候就开始学习使用工具了。它们就能够熟练地用石头将坚果砸开，取食里面的果仁。

一些动物有时会让我们很吃惊，它们也会使用工具，而使用工具又是需要思考和研究的，环环相扣，这充分说明这些动物成员也是一些佼佼者。

黑猩猩，一种和人类关系密切的灵长类动物，它们的一些生活技巧反映出了人类进化过程中的某个阶段。黑猩猩是最会使用工具的动物之一，它们从众多草茎中挑选出最得心应手的那一根，然后将草茎插入白蚁穴中，待上面爬满白蚁后，便取出来抿进嘴里吃掉。

聪明的海獭

海獭潜到海底，用海藻叶包住猎物并带到海面上。接下来，它仰卧在海面上，在胸口处放上一块约有拳头大的石块作砧板，然后用前肢抓住猎物使劲往石头上撞击，直到可以取食出来。

弥补不足

啄木雀能像啄木鸟那样在树上凿洞。但是，它们没有啄木鸟那样的长舌头。于是，它们用仙人掌刺或细树枝把虫子从树干中挑出来吃掉。

砸蛋专家

埃及秃鹫非常喜欢吃鸵鸟蛋，但因为鸵鸟蛋太坚硬了，它们就用嘴叼着石头一次一次地扔向鸟蛋，很快它们就尝到了美味。

黑猩猩除了使用草茎捕食白蚁外，还会使用一些简单的砍砸工具，这是非常了不起的！

迁　徙

为繁殖而迁徙

雪雁在美国南部度过冬天，到了繁殖期，雪雁在日月星辰的指引下飞向北方，回到阿拉斯加繁殖后代。

欧洲鳗鲡

欧洲鳗鲡一直是世界上最神秘的鱼类。虽然受到了过度捕捞的威胁，但它们在欧洲沿海淡水湖中还很常见。成年欧洲鳗鲡会长途迁徙，但它们的产卵地点尚未被确切发现。

一些动物，大部分是鸟类，为了躲避严寒和寻找充足的食物，它们会在寒冬来临前，从一个地区迁徙到另一个更适宜的地方；还有一些动物，为了回到温暖的繁殖地繁殖后代，它们不辞劳苦，翻越千山万水进行长途旅行。

绿海龟是海龟家族中的大型成员之一，是海洋中出了名的旅行家。到每年繁殖期的时候，无论身处何地，它们都会长途跋涉回到出生地。绿海龟的记忆力非常好，能够准确地辨别出出生地的方向。

海洋中的流浪者

浮游生物中包括了许多小型海洋生物的幼仔，如海葵幼体、海星幼体和水母的幼体。这些细小的生物在海洋中随波漂流，一边漂流一边长大，所以它们一生中很长一段时间都过着迁徙的生活。

为生存而迁徙

旱季的非洲草原正是水草短缺的时候，为了获得食物和水，象群首领凭借经验带领家族成员在非洲草原上艰辛地行进。

绿海龟长着宽大的鳍状肢，在海洋中充当桨使用，为游动提供动力。在海滩上，鳍状肢则用来支撑身体移动。

31

为利益而战

动物之间的争斗一般都是非常激烈的，主要是为了争夺配偶、食物以及生存空间等有限的资源。

大角羊是生活在北美洲西部山区高地上的野生羊类。成年公羊的头上有巨大的角，角是从头骨长出的，在头的两侧盘曲生长。每年秋季是大角羊的繁殖季节，这个时候，公羊首领必须时刻警惕周围的动向，当挑战者出现时，公羊首领必须果断做出还击。两只强壮的公羊拉开一定距离，然后快速冲锋，用粗壮的双角撞击对手，山谷中回荡着撞击的"砰砰"声。

保卫领地之战

环尾狐猴族群之间经常因争夺领地而发生争斗。一方是领地守卫者，一方是入侵者，当经多次警告无效后，守卫者就会发起攻击，它们用锋利的爪攻击入侵者。

保住王位

面对对手，狒狒首领亮出它尖锐骇人的长牙，双手拍打地面，以示警告。如果顺利的话，对手会主动放弃。但如果警告无效，那么一场大战就在所难免了。

争夺配偶之战

雄性普氏野马会为了争夺交配的权利而发生激烈的争斗。雄性普氏野马之间先是两眼凝视，耳朵朝向前方，然后打着响鼻小心靠近，接下来，它们鼻孔喷出粗气，耳朵向后抿，怒目而视，进而扭打在一起。

非洲草原上的强盗

鬣狗被称为"非洲草原上的强盗"，这是因为它们总仰仗群体的力量抢夺其他猎食者的猎物。鬣狗除了掠夺狮子的食物，还会猎杀小狮子。

雄性大角羊的肩部、颈部和四肢都长着
发达的肌肉，这些肌肉不仅赋予它们巨大的
斗争力量，同时也对它们起到保护作用。

和妈妈在一起

向妈妈学习

小骆驼跟着妈妈生活，它要跟妈妈学习怎样找到水源和能吃的植物。

妈妈的宝贝

小斑马大部分时间都跟在妈妈的身边，一旦它走远一些，妈妈便赶忙呼唤它回到自己身边。

刚出生的动物幼仔，比如小灰熊、小长颈鹿、小角马和小斑马等，它们的防御能力非常弱，甚至连觅食都不会，所以它们必须和妈妈待在一起。

灰熊宝宝在一个风雪之夜降生在妈妈精心建造的洞穴中。外面非常寒冷，小灰熊们蜷缩在妈妈的怀里，互相挤着取暖。灰熊妈妈的身体里积累了足够的脂肪，能够转化成营养丰富的乳汁供小灰熊填饱肚子。灰熊一家静静地等待春天的到来。春暖花开的时候，灰熊一家前往水草丰美的地方，灰熊妈妈需要补充些食物了。

跟随妈妈

角马妈妈选择午后产下小角马。小角马出生后不久就能站立，并开始学习行走。在旱季来临的时候，小角马和妈妈跟随大部队迁徙，整个迁徙的过程中它都受到妈妈的保护。

靠妈妈保护

成年长颈鹿能用铁锤一样的蹄子自卫，但小长颈鹿却丝毫没有自卫能力，所以小长颈鹿必须寸步不离地跟着妈妈。

在成长的过程中，灰熊妈妈教会了小灰熊怎样挑选成熟的果实、怎样在河流中捕鱼等生存技能。

一起游戏吧

全家的游戏时光

水獭一家由爸爸、妈妈和几只小水獭组成。有时小水獭跳下水，和爸爸妈妈一起在水中翻滚，这种游戏能使它们彼此之间更加信任。

智商更高级的动物和群居性的动物更喜欢做游戏。

在游戏的过程中，动物们学会如何与其他成员相处，将来怎样教育孩子，以及锻炼肌肉的力量等。

海牛宝宝出生以后会跟随妈妈一起生活很长时间。海牛非常活泼，所以小海牛经常会和妈妈做游戏。它们先是用身体相互摩擦，然后吹口哨，接下来互碰鼻子，就像在亲吻一样。

小北极熊和妈妈

北极熊妈妈带着小北极熊生活在寒冷的北极地区。小北极熊会和妈妈一起玩耍，在玩耍的过程中学会很多生存的本领。

游戏中学生存

小鸡经常在草地上嬉戏，其中一只叼着小虫子奔跑，后面一大群伙伴追赶、抢夺。

爱游戏的地松鼠

小地松鼠刚出生的时候，全身没有毛，眼睛也睁不开。出生一个月后，地松鼠宝宝已经可以到洞外玩耍了。它们有时互相追逐嬉戏，有时追逐色彩斑斓的瓢虫和大黄蜂，有时甚至为了一片羽毛争抢得不亦乐乎。

海牛生活在热带和亚热带的浅海水域，靠近河口和沿海沼泽地带，性格非常温顺，遇见伙伴的时候，它们会通过吹口哨和碰鼻子等方式相互打招呼。

生存窍门

储存粮食的口袋

为了适应干燥且缺吃少喝的生活，单峰驼长出一个能够储存"粮食"的袋子——驼峰。驼峰中储存着脂肪，能够在食物短缺的时候转化成能量物质和水。

神奇的分泌物

黄鼬长着非常发达的肛门腺，能够分泌出奇臭无比的分泌物。当黄鼬受到猎食者攻击的时候，它会立刻转身把屁股对准对手，然后排出分泌物。一旦被分泌物射中面部，猎食者就会头晕目眩，严重者甚至会昏迷。

动物如果想生存下来，就要有一些小窍门，这些小窍门有的用来捕食，有的用来逃避捕食者。动物生存的窍门是通过一代代在适应环境和应对挑战的过程中逐渐形成的，这些技能通过遗传基因传给下一代，使后代能继承并发展这些生存技能。

兰花螳螂是昆虫世界中最会伪装的昆虫之一。兰花螳螂的身体外形像兰花的花瓣，颜色也和兰花相差无几，而且还能根据花瓣的颜色变化而变化。当它们静静地趴在兰花上时，我们很难发现它们。毫不知情的小昆虫落到兰花上寻找可口的花蜜，兰花螳螂便轻而易举地将其捕获。

美丽陷阱

在新西兰的怀托摩溶洞地区生活着数以亿万计的萤火虫，溶洞萤火虫从洞顶垂下多条如珍珠链子一样的黏丝，猎物一旦被粘住就无法逃脱。

逃生之门

活板门蛛的洞穴非常特别，整体看上去像一口竖井，洞内一侧开凿了一段专门用来躲避敌人的通道。有趣的是，活板门蛛在洞口和侧通道口都放上了一块石板。当受到攻击的时候，活板门蛛会藏进侧通道，关闭石板门，将猎食者拒之门外。

兰花螳螂生活在东南亚的热带雨林中，在不同种类的兰花上生活着不一样的兰花螳螂。

生存本能

动物出生后会做出很多利于生存和成长的反应，这种反应不必经过学习就会了，所以被称为本能。

棱皮龟妈妈在温暖舒适的沙滩上挖掘一个大坑，然后把蛋产在里面。不久之后，蛋被孵化了，小棱皮龟打开蛋壳，从里面钻出来并爬出沙坑。神奇的是，从没见过海的小棱皮龟爬出沙坑的第一反应就是拼命地奔向大海。这种反应对它们的生存很有利，快速进入海洋中不仅能避开大量捕食者，还能保证皮肤湿润。小海龟的这一反应是本能，一种先天遗传的能力。

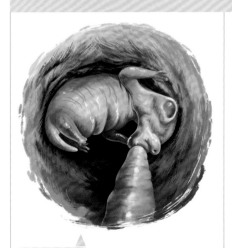

全凭感觉

小袋鼠出生的时候只有一粒蚕豆大小，它出来后便进入到妈妈的育儿袋中继续发育。小袋鼠还睁不开眼睛，所以无法看见周围的东西。它在育儿袋中拱来拱去，找到乳头吮吸乳汁。

随时应对危险

蝌蚪孵化出来了，为了不挨饿，它们会吃掉卵的残余物。接下来，小蝌蚪们成群结队地在水中自由游动。一有危险便迅速游到水底或躲进水草丛中。

天生的游水本领

野鸭出生不久就能和妈妈下水活动了，它们天生就是游水的健将。它们会学着妈妈的样子在水中东啄啄西啄啄，滤食水中的食物。

◀ 隐藏起来

许多蛇类不会像鸟类或哺乳动物那样照顾它们的蛋，所以蛇宝宝通常是自然孵化出来的。也有一些蛇会采取一些措施帮助孵化蛋。蛇宝宝用破卵齿咬破蛋壳，探出头来观察陌生的世界，然后找个安全的地方藏起来。

棱皮龟和其他龟类不同，它们的背上没有坚硬的甲壳，而是长着一层厚厚的革质皮肤，所以它们又被称为"革龟"。

假　死

猪鼻蛇的演技

猪鼻蛇遇到敌害时，它首先将肋骨撑开，并发出嘶嘶声，恐吓对方。接下来，它就会翻转、扭摆，将肚皮朝天，张开嘴巴，吐出舌头装死。

在自然界中，你经常会看到这样一些奇怪的事情——一只瓢虫正在草叶上爬来爬去，当你用手轻轻地拨动一下草叶，瓢虫就会将腿收缩在身体下，翻滚落地，一动不动。难道它真的死了吗？当然不是，这只是一种假象，叫作"假死"。这种本领很多动物都会，是一种迫不得已的求生本能。

负鼠假死的样子非常逼真，它是一个假死高手。在即将被擒时，负鼠会突然倒地，面色变淡，张开嘴巴，伸出舌头，紧闭双眼，身体不停地抖动，样子十分痛苦。一见到这种情形，猎食者会变得惊慌和恐惧，出于一种反常的心理作用，不再去捕食它，负鼠也因此捡回一条命。

一动不动

假死现象经常发生在甲虫的身上，因为它们是自然界的弱势群体。甲虫假死时，有的僵直地伸直腿仰躺在地上，有的则收缩腿趴伏在地上，一动不动。

装死避险

麦叶蜂幼虫喜欢生活在麦田里，人们常利用幼虫具有假死这一特点，在早晨和傍晚将它们捕杀。

伺机逃跑

猫是鼠的天敌。猫捉到老鼠后并不急着享用，而是在地上戏耍老鼠一阵儿。对此，老鼠总是一再配合，然后显得无精打采，最后瘫软在地，使猫减小兴趣并产生疑惑，一旦时机成熟它就会迅速开溜。

负鼠为了把假死的戏做足，经常会从肛门旁边的臭腺排出一种恶臭的黄色液体，这使猎食者更加相信它死了，并且已经腐烂发臭。此时，猎食者触动负鼠身体的任何部位，它都没有任何反应。